우리가 매일 타고 다니는 기차와 자동차.
이 편리한 기계들이 어떻게 탄생했고
어떤 변화를 거쳐 왔는지 알아볼까요?

나의 첫 과학책 4

어디든 갈 수 있어!
기차와 자동차

박병철 글 | 김숙경 그림

휴먼어린이

옛날부터 사람이 사는 곳에는 항상 불이 있었습니다.

불이 있어야 음식을 익혀 먹고 집도 따뜻하게 데울 수 있으니까요.

그런데 불을 지피려면 무엇이 필요할까요?

요즘은 불을 붙일 때 석유, 가스, 알코올 등 다양한 연료를 사용하고 있지만,

과거에는 자연에서 자란 나무가 유일한 연료였답니다.

그래서 사람들은 틈날 때마다 숲에서 나무를 베어 창고에 쌓아 놓았고,

그 바람에 울창하던 숲은 메마른 벌판으로 변해 갔지요.

그러던 어느 날, 사람들은 땅을 파다가 **석탄**이라는 시커먼 돌멩이를 발견했습니다.
거기에 불을 붙였더니 나무보다 적은 양으로도 훨씬 오래 타들어 갔지요.
그 후로 사람들은 불을 지필 때 석탄을 사용했는데,
문제는 석탄이 아무 곳에나 있지 않다는 것이었습니다.
석탄이 묻혀 있는 특별한 장소인
'탄광'에 가야만 캐낼 수 있었지요.

모든 사람이 집에서 석탄을 사용하려면
탄광에서 캐낸 엄청난 양의 석탄을 온 나라로 실어 날라야 했지요.
그 일을 도맡아 한 것은 오랜 세월 동안 짐을 끌어 온 말이었습니다.
말은 사람보다 힘이 훨씬 세지만 날라야 하는 석탄이 워낙 많아서
말이 끄는 마차로는 도저히 다 배달할 수 없었습니다.

아이고, 무거워.
나 죽네!

말보다 힘이 세면서 저절로 움직이는 기계를 만들 수는 없을까?

탄광의 일꾼들이
깊은 고민에 빠져 있던 어느 날,
프랑스의 데니스 파팽이라는 과학자가
좋은 아이디어를 떠올렸습니다.

주전자에 찬물을 넣고 뚜껑을 덮은 채 불 위에 올려놓으면
잠시 후에 물이 끓으면서 증기를 뿜어내기 시작합니다.
이때 주전자 뚜껑은 증기가 밀어내는 힘 때문에 들썩이게 되지요.

만일 뚜껑을 주전자에 단단히 고정시켜 놓은 채 한참 동안 끓인다면
주전자는 증기가 밀어내는 힘을 견디지 못하고 폭탄처럼 터질 것입니다.
파팽은 이 엄청난 힘을 이용하여 물건을 들어 올리는 기계를 발명했습니다.
증기로 움직이는 기계, 즉 **증기 기관**이 처음 등장한 것입니다.

그 후 제임스 와트라는 영국의 과학자가 파팽이 만든 것보다
훨씬 뛰어난 증기 기관을 만들었습니다.
이 장치는 탄광에 고인 물을 퍼낼 때 사용되었는데,
말 50마리가 일주일 동안 할 일을 단 이틀 만에 해냈다고 합니다.
아무래도 증기 기관은 사람보다 말들이 더 좋아했을 것 같네요.

아하

마침내 1804년 영국에서 증기 기관으로 움직이는 최초의 **기차**가
석탄을 싣고 달리기 시작했습니다.
속도는 사람이 걷는 것보다 조금 빠른 정도였지만,
무거운 석탄을 싣고 움직인다는 것만으로도 대단한 발전이었지요.
그 덕분에 탄광 주인들은 시간과 돈을 크게 절약할 수 있었습니다.

기차 안에서 물을 끓이는 연료도 석탄이야. 그러니까 석탄을 먹으면서 석탄을 운반하는 셈이지.

이제 무거운 석탄차 안 끌어도 된다. 만세!

이것은 정말로 커다란 변화였습니다. 옛날 사람들은 자기에게 필요한 물건을
직접 만들어서 쓰거나, 동네에 있는 조그만 가게에서 사다 쓰는 것이 전부였습니다.
그런데 증기 기관이 등장한 후로 공장에서 물건을 산더미같이 만들고,
이 물건들을 기차에 실어 방방곡곡으로 나를 수 있게 되었지요.
물건이 많으니까 사람들의 삶도 전보다 훨씬 풍족해졌습니다.
증기 기관과 기차가 세상을 바꿔 놓은 것입니다.
1800년대에 영국을 중심으로 일어난 이 놀라운 변화를
산업 혁명이라고 합니다.

어째 옛날보다 더 힘든 것 같은데….

기차의 좋은 점이 세상에 알려지면서
다른 나라들도 앞다퉈 기차가 달리는 길인 철도를 놓기 시작했습니다.
1821년에 달랑 40킬로미터였던 철도의 길이가
9년 후인 1830년에는 8000킬로미터로 무려 200배나 늘어났지요.
그리고 조지 스티븐슨이라는 기술자가 성능이 훨씬 좋은 증기 기관을 발명한 후로
마차로 꼬박 이틀이 걸렸던 길을 단 두 시간 만에 갈 수 있게 되었습니다.
그런데 사람의 욕심은 정말 끝이 없나 봅니다.
철도 회사 사장과 직원의 대화를 들어 볼까요?

당시 기차는 물건을 실어 나르는 데만 쓰였습니다.
그래서 공장이 갑자기 많아지던 시절에는
철도 회사가 큰돈을 벌었지만,
도시 주변이 공장으로 가득 찬 후에는 별다른 변화가 없었지요.
철도 회사의 직원들은 돈을 더 벌기 위해 이런저런 궁리를 하다가
'사람만 타는 기차'를 생각해 냈습니다.

직원: 그러니까 기차 안을 멋지게 꾸며서 '달리는 호텔'을 만드는 거예요. 어떻습니까?

사장: 그래도 먼 곳에 가야 할 일이 있는 사람만 탈 텐데, 그런 사람이 몇이나 되겠어?

직원: 멀리 가야 할 이유를 만들어 주면 됩니다. "런던에서 기차를 타면 아름다운 에든버러를 구경하고 다음 날 집으로 돌아올 수 있습니다!"라고 말이죠.

사장: 그럴듯하긴 한데, 다른 동네 구경하려고 기차를 타는 사람이 정말 있을까?

직원: 두고 보세요. 우린 엄청난 돈을 벌 겁니다. 그러면 제 월급도 올려 주실 거죠?

결과는 그야말로 대박이었습니다.
한산했던 기차역이 여행을 가려는 사람들로 북새통을 이룬 것입니다.
마차로는 도저히 갈 수 없었던 멀고 험한 길을
기차로 편안하게 다녀올 수 있다니, 마다할 이유가 없었지요.
다른 지방의 경치를 구경하는 '관광'이라는 단어는
바로 기차 덕분에 생겨난 것이랍니다.

여기는 또 새로운 도시군.

기차를 타는 손님이 폭발적으로 늘어나면서 많은 것이 달라졌습니다.
사람들이 많이 모이는 기차역은 호화로운 건물로 새롭게 단장했고,
수세식 화장실이 처음 선보인 곳도 기차역이었습니다.
또 기차 덕분에 우편물이 모든 곳으로 훨씬 빠르게 배달되었고,
옷이나 말투 등 유행이 퍼지는 속도도 그만큼 빨라졌지요.
그런데 사람들의 왕래가 잦아지면서 한 가지 문제가 생겼습니다.

그리하여 작은 동네의 시간들은 점차 큰 도시의 시간을 따라갔고,
1884년에는 영국의 그리니치 천문대가 있는 곳을 기준으로
세계 어디서나 쓸 수 있는 '표준시'가 결정되었습니다.
그러니까 지금 우리가 사용하는 시간도
결국은 기차 덕분에 생긴 것이지요.

증기 기관으로 움직이는 기차는 처음 만들어진 후
거의 100년 동안 전 세계를 누볐지만
석탄이 너무 많이 필요하다는 단점이 있었습니다.
그러던 중 1892년에 독일의 루돌프 디젤이라는 과학자가
증기 기관보다 훨씬 효율적인 **디젤 기관**을 발명했습니다.

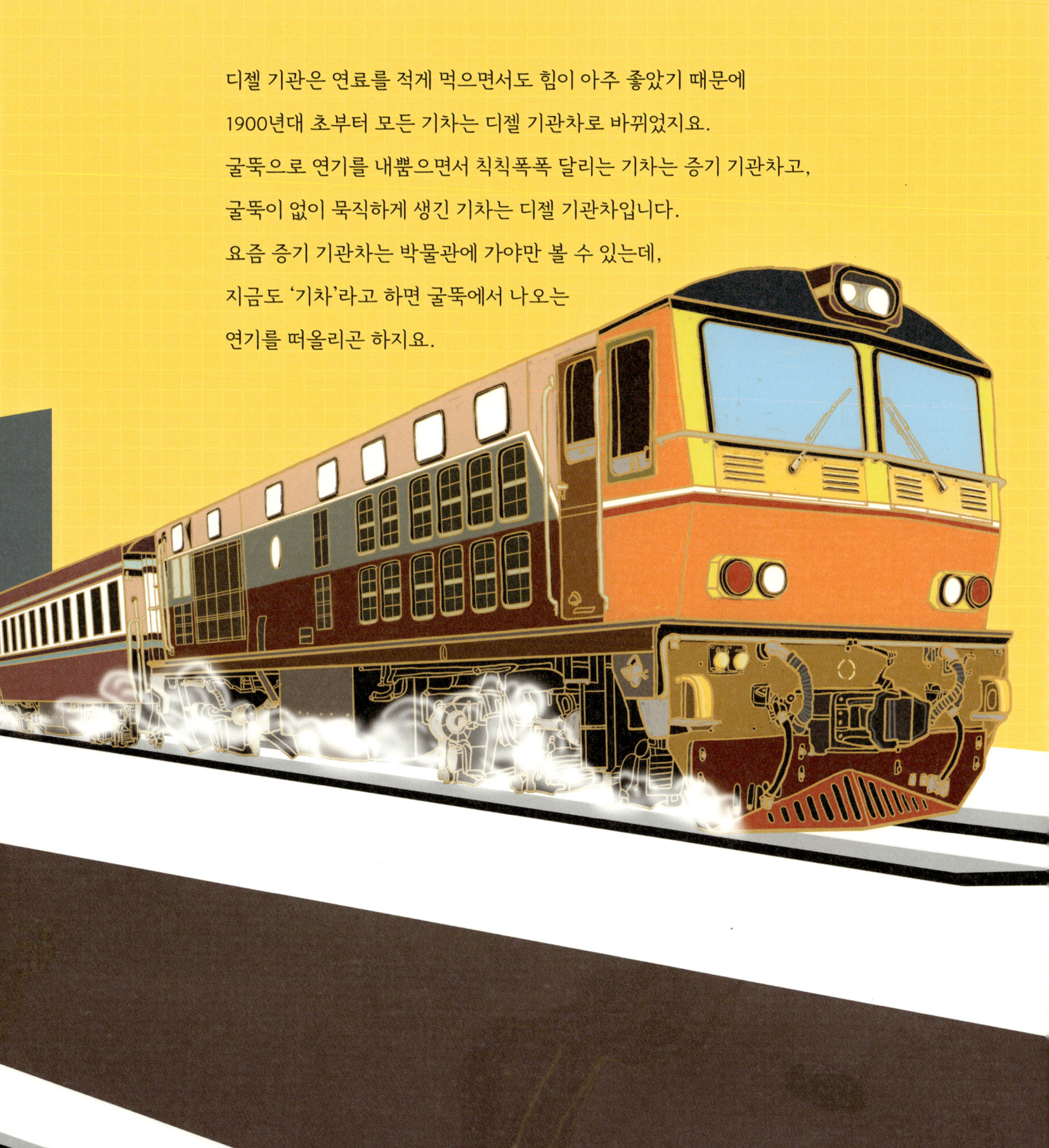

디젤 기관은 연료를 적게 먹으면서도 힘이 아주 좋았기 때문에
1900년대 초부터 모든 기차는 디젤 기관차로 바뀌었지요.
굴뚝으로 연기를 내뿜으면서 칙칙폭폭 달리는 기차는 증기 기관차고,
굴뚝이 없이 묵직하게 생긴 기차는 디젤 기관차입니다.
요즘 증기 기관차는 박물관에 가야만 볼 수 있는데,
지금도 '기차'라고 하면 굴뚝에서 나오는
연기를 떠올리곤 하지요.

1900년대 초에 자동차와 비행기 등 새로운 교통수단이 등장하면서
증기처럼 뜨거웠던 기차의 인기는 점차 사그라들었습니다.
그러나 기차는 지금도 세계 곳곳을 누비며 중요한 역할을 하고 있지요.
또 혼잡한 도시에서는 땅 밑으로 다니는 지하철●이
바쁜 사람들을 부지런히 실어 나르고 있습니다.

이젠 먹고 살려면
손님을 자동차에 태워야겠구먼.
아님 비행기를 몰아야 하나?

● **지하철** 지하 철도 위를 달리는 전동차.
전동차는 전기로 움직이는 차입니다.

물론 기차가 좋은 점만 있는 것은 아닙니다. 기차가 처음 등장했던 시절에는 마차를 모는 사람들이 무더기로 직장을 잃었고 사방에 철도를 깔면서 울창했던 숲이 크게 훼손되었습니다. 또 기차에서 나오는 연기와 먼지 때문에 공기도 많이 탁해졌지요. 그러나 기차는 전동차나 자기 부상 열차˚ 등으로 변신을 꾀하면서 여전히 중요한 교통수단으로 남아 있답니다.

● **자기 부상 열차** 자석을 이용하여 철길 위에 뜬 채로 달리는 기차. 소음도 적고 매연도 없지요.

기차가 한창 인기를 끌고 있을 때
많은 사람이 비슷한 생각을 떠올렸습니다.

"기차는 좋긴 한데 철도가 없는 곳은 갈 수가 없잖아.
내가 가고 싶은 곳을 마음대로 갈 수 있다면 얼마나 좋을까?"

1800년대 초에 최초로 등장한 자동차는 증기 기관차처럼 증기의 힘으로 가는 증기 자동차였습니다. 그런데 증기를 만들려면 물을 끓여야 해서 출발할 때마다 석탄에 불을 지피고 한참 기다려야 했지요. 그리고 출발한 후에도 15분마다 물을 보충해야 하는 등 불편한 점이 너무 많아서 별로 인기를 끌지 못했습니다.

출발하려다 하루 다 가겠군.

물이 너무 많이 필요해!

다른 연료가 있긴 있습니다. 사람들은 아주 오래전부터 땅속에 **석유**라는 연료가 묻혀 있다는 것을 알고 있었습니다. 석유는 검은 갈색을 띤 액체인데, 처음에는 어디에 써야 할지 몰라서 피부병이 났을 때 몸에 바르거나 설사약으로 먹었다고 합니다. 당연히 엉터리 처방이었지요.

그러던 중 1800년대 중반에 미국과 러시아 등 몇몇 나라에서 엄청난 양의 석유가 묻혀 있는 곳이 발견되었습니다.

이 소식을 전해 들은 과학자들은 석유의 성질을 열심히 연구한 끝에
석유를 연료로 사용하는 **내연 기관**을 발명했습니다.
'움직이는 기계 안에서 연료를 태우는 기관'이라는 뜻이지요.
내연 기관은 증기 기관보다 작은데도 힘이 훨씬 좋았습니다.
사람들이 그토록 애타게 기다리던 자동차용 엔진이 드디어 탄생한 것입니다.
이때부터 자동차의 시대가 본격적으로 펼쳐지게 되지요.

1880년까지만 해도 가장 흔한 교통수단은 마차였습니다.
그래서 자동차는 '말이 끌지 않아도 스스로 가는 마차'로 알려졌지요.
자동차의 힘을 나타내는 '마력'도 마차에서 유래한 단어랍니다.
1마력이란 '말 한 마리가 끄는 정도의 힘'이라는 뜻이지요.
석유를 다루는 기술과 내연 기관의 발전에 힘입어
자동차의 성능은 하루가 다르게 좋아졌습니다.

1885년에 독일의 다임러라는 과학자가 최초의 자동차를 만들었고
같은 해에 벤츠라는 사람도 바퀴가 세 개 달린 삼륜차를 만들었습니다.
얼마 후 두 사람은 다임러-벤츠라는 회사를 함께 설립했는데,
이 회사는 지금도 세계에서 제일 오래된 자동차 회사로 남아 있답니다.
그 외에 프랑스의 푸조, 독일의 포르쉐, 미국의 포드, 영국의 롤스로이스 등
세계적인 자동차 회사들이 연달아 신제품을 내놓으면서
회사들 사이의 경쟁이 점점 더 치열해졌지요.

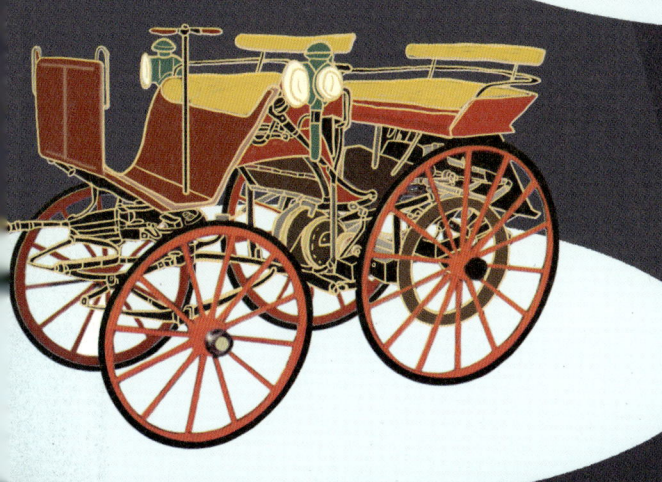
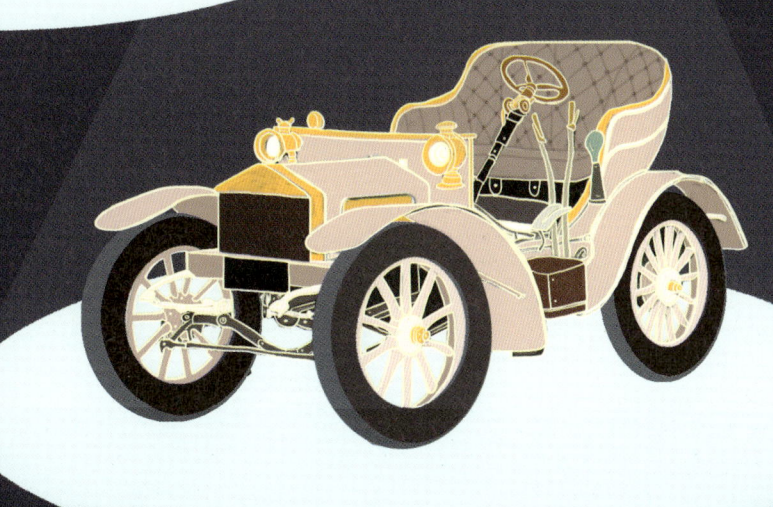

여기서 잠시 자동차 회사 사장과 직원의 이야기도 들어 볼까요?

사장: 요즘 우리 자동차의 인기가 계속 떨어지고 있어. 대체 이유가 뭔가?
직원: 우리 차는 경주 대회에 나가지 않잖아요. 성능이 아무리 좋아도 자동차 경주에 나가지 않으면 사람들이 알아주질 않아요.

그렇다고 지금 만드는 차로 경주에 나갔다간 분명히 꼴찌로 들어올 텐데, 어떡하지?

경주용 차를 새로 만들어야죠. 거기서 1등만 하면 우리가 만드는 다른 차도 잘 팔릴 거예요. 그러면 제 월급도 올려 주실 거죠?

정말로 그랬습니다. 자동차 경주 대회는 짜릿한 볼거리였을 뿐만 아니라 빠르게 달리는 차를 만드는 데 아주 중요한 역할을 했습니다. 그 후로 자동차의 속도는 계속 빨라져서 요즘 경주용 자동차는 무려 시속 300킬로미터를 가뿐하게 넘는답니다. 서울에서 출발해 대구에 도착하는 데 한 시간이 채 걸리지 않는 속도이지요.

1900년대는 자동차의 전성시대였습니다.

특히 T-모델이라는 자동차가 미국의 공장에서 대량으로 생산되어

부자가 아닌 사람도 자동차를 가질 수 있게 되었지요.

그런데 차가 너무 많아지다 보니 '교통 체증'이라는 말이 생겨났고,
자동차에서 나오는 매연 탓에 공기는 점점 탁해졌습니다.
시도 때도 없이 일어나는 교통사고도 심각한 골칫거리였지요.
자동차를 만드는 회사들은 어떻게든 대책을 마련해야 했습니다.

사장: 자동차 매연 때문에 문제가 많은데, 줄일 방법이 없을까?
직원: 차를 작게 만들면 되지요. 엔진이 작으면 매연도 줄어드니까요.
사장: 차가 작으면 사고 났을 때 운전자가 많이 다칠 텐데…….
직원: 좌석 앞에 사고가 나면 부풀어 오르는 풍선을 달면 되죠.
사장: 말은 참 잘하는군. 그게 말처럼 쉬운 일인가?

에어백

네, 월급만 올려 주시면 뭐든 다 됩니다!

그러나 자동차 회사의 노력에도 불구하고 매연은 좀처럼 줄어들지 않았습니다. 매연을 없애는 방법은 단 하나, 옛날의 전기 자동차로 되돌아가는 수밖에 없었지요.
다행히 그사이에 배터리를 만드는 기술이 많이 발전해서 1990년대부터 전기 자동차가 조금씩 만들어지기 시작했고, 지금은 여러 회사가 앞다퉈 전기 자동차를 내놓고 있답니다. 100년 동안 먼 길을 돌고 돌아서 결국 제자리로 온 셈이지요.

요즘은 사람이 운전을 하지 않아도 스스로 길을 찾아가는
자율 주행 자동차가 큰 관심을 끌고 있습니다.
교통사고는 대부분 운전자의 방심과 미숙함 때문에 일어나는데,
사람이 할 일을 컴퓨터가 대신하면 이런 일이 크게 줄어들겠지요.
아직은 기술적으로 해결해야 할 문제가 많이 남아 있지만,
여러분이 운전대를 잡게 될 2040년에는 네 대 중 세 대가
자율 주행 자동차로 바뀔 것입니다.

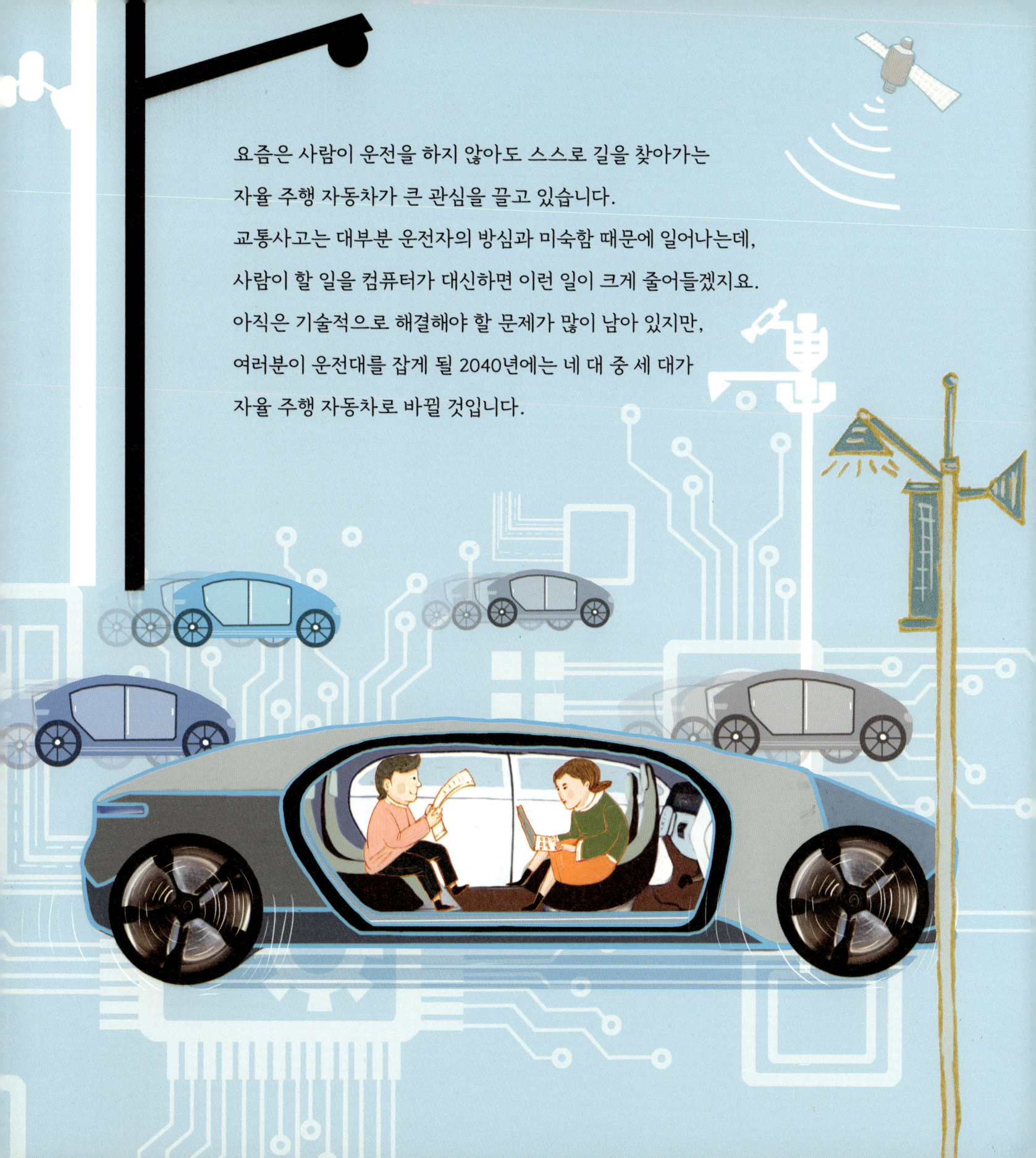

사람들은 19세기(1801~1900년)를 '발명의 시대'라고 부릅니다.

기차, 자동차, 전등, 전기 오븐, 전화, 라디오, 카메라 등등…….

지금 우리가 사용하는 물건 대부분이 19세기에 발명되었기 때문이지요.

물론 요즘도 컴퓨터와 스마트폰 덕분에 많은 것이 달라졌지만

19세기 사람들이 겪은 변화에 비하면 아무것도 아니랍니다.

자동차 한 대에는 무려 1만 개가 넘는 발명품이 빼곡하게 들어 있습니다.
안전하고 편리한 차를 만들기 위해 그 정도로 많은 사람들이 노력했다는 뜻이지요.
차를 탈 때마다 그 사람들에게 일일이 고마워할 필요는 없지만
모든 부품들이 '과학적인 생각'에서 탄생했다는 사실만은
마음에 새겨 둘 필요가 있습니다. 앞으로 세월이 흐를수록
우리의 삶은 과학에 더 많이 의지하게 될 것이기 때문입니다.

 나의 첫 과학 클릭!

석유의 시대

석유는 자동차뿐만 아니라 나라 전체의 산업을 움직이는 원동력입니다.
1800년대에는 석유를 생산하는 나라가 미국, 캐나다, 러시아 등 몇 나라에 불과했지만,
1900년대 중반에 사우디아라비아와 쿠웨이트를 비롯한 서아시아의 여러 나라에서
엄청난 양의 석유가 발견되어 새로운 에너지 강국으로 떠올랐지요.
이렇게 석유를 생산하는 나라를 '산유국'이라고 합니다.
1970년대에 서아시아의 산유국들이 갑자기 석윳값을 몇 배로 올리는 바람에
전 세계가 한바탕 난리를 치른 적이 있습니다.
자동차를 못 타는 것은 물론이고, 집에 난방을 하지 못하여 수많은 사람이 추위에 덜덜 떨었답니다.

'검은 황금'으로도 불리는 석유

석유를 캐내는 현장

특히 석유가 한 방울도 나지 않는 우리나라는
산유국들이 석윳값을 또 올릴까 봐 한시도 마음 편할 날이 없었지요.
요즘은 석유 대신 '대체 에너지'로 불리는 태양 에너지나 풍력 에너지를
사용하는 쪽으로 조금씩 변하고 있지만, 아직도 석유는 가장 중요한 에너지원입니다.
우리나라가 산유국의 변덕에 휘청거리지 않으려면
대체 에너지를 부지런히 개발해서 하루빨리 '에너지 독립'을 이루어야 합니다.
그런데 이것은 아주 어려운 문제여서 당장 해결하기는 어렵습니다.
여러분이 나중에 훌륭한 과학자가 되어 속시원하게 해결해 주기를 기대해 봅니다.

빛을 이용하는 태양 에너지

바람을 이용하는 풍력 에너지

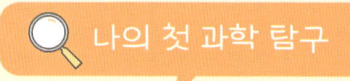

자동차는 언제 연료를 많이 쓸까?

자동차의 심장은 엔진이고, 엔진은 연료(석유)를 태워서
에너지로 바꿔 주는 장치입니다. 말을 타고 먼 길을 가려면 여물을 먹여야 하듯이,
자동차를 타고 먼 길을 가려면 엔진에게 연료를 먹여야 합니다.
그런데 연료는 절대로 공짜가 아니기 때문에,
같은 거리를 가더라도 가능하면 연료를 적게 쓰면서 가는 것이 유리하지요.
그러면 자동차는 언제 연료를 제일 많이 잡아먹을까요?
언뜻 생각하면 '자동차가 빠르게 달릴 때' 연료를 가장 많이 쓸 것 같지만,
사실은 그렇지 않습니다. 뉴턴의 '관성의 법칙'에 의하면
이 세상 모든 물체는 '관성'이라는 것을 갖고 있어서,
정지해 있는 물체는 계속 정지해 있으려 하고
움직이는 물체는 계속 같은 빠르기로 움직이려는 성질이 있습니다.
물론 자동차도 예외는 아니지요. 그러니까 빠르게 달리는 자동차는
지금 그 속도로 계속 움직이려는 성질을 갖고 있으니까,
엔진이 작동하지 않아도 계속 빠르게 간다는 뜻입니다. 어라? 정말 그럴까요?

자동차처럼 생긴 로켓이 우주 공간을 날아가고 있다면 이 말이 맞습니다.
하지만 땅바닥과 자동차 타이어 사이에는 '마찰력'이라는 힘이 작용하면서
앞으로 가는 힘을 약하게 만들고,
공기의 저항도 자동차가 앞으로 가는 것을 방해하고 있답니다.
그래서 달리는 자동차를 계속 달리게 하려면
마찰력을 이길 정도의 힘을 계속해서 줘야 합니다.
아주 큰 힘은 아니고, 약간만 주면 됩니다.
그러니까 달리고 있는 자동차를 계속 달리게 하기 위해서는
그다지 많은 연료가 필요하지 않은 거지요.
자동차가 연료를 많이 잡아먹을 때는 정지해 있다가 갑자기 빠르게 출발하거나,
천천히 가다가 갑자기 속도를 높이거나, 또는 잘 달리다가 갑자기 멈출 때입니다.
뉴턴의 '가속도의 법칙'에 의해 물체의 속도가 급하게 변하려면 큰 힘을 줘야 하고,
큰 힘을 준다는 건 연료가 많이 소모된다는 뜻이니까요.
그러니까 될 수 있으면 급출발이나 급정거를 하지 않아야 연료를 절약할 수 있습니다.
여러분의 부모님이 급출발이나 급정거를 하면 이렇게 말해 주세요.
"그렇게 운전하면 연료가 낭비돼요! 뉴턴의 운동 법칙도 모르세요?"

글 박병철

연세대학교 물리학과를 졸업하고 한국과학기술원(KAIST)에서 이론물리학 박사 학위를 받았습니다. 30년 가까이 대학에서 학생들을 가르쳤으며 지금은 집필과 번역에 전념하고 있습니다. 어린이 과학동화 《별이 된 라이카》, 《생쥐들의 뉴턴 사수 작전》, 《외계인 에어로, 비행기를 만들다!》를 썼습니다. 2005년 제46회 한국출판문화상, 2016년 제34회 한국과학기술도서상 번역상을 수상했으며, 옮긴 책으로는 《페르마의 마지막 정리》, 《파인만의 물리학 강의》, 《평행우주》, 《신의 입자》, 《슈뢰딩거의 고양이를 찾아서》 등 100여 권이 있습니다.

그림 김숙경

이야기와 그림 너머를 상상하게 하는 그림작가입니다. 영국 킹스턴대학교 일러스트레이션 과정을 수료했고 2007년 볼로냐 국제아동도서전에서 '올해의 일러스트레이터'로 선정되었습니다. 그린 책으로 《슬기로운 나라 신라》, 《미스터 몽실과 다섯 개의 꿈》, 《내가 슈퍼맨이라고?》, 《특별하지도, 모자라지도 않은》, 《에디슨 아저씨네 상상력 하우스》, 《퀴즈 킹》, 《풍선 바이러스》, 《어린이 박물관-발해》, 《마음대로봇 1, 2》 등이 있습니다.

나의 첫 과학책 4 — **기차와 자동차**

1판 1쇄 발행일 2023년 1월 2일

글 박병철 | **그림** 김숙경 | **발행인** 김학원 | **편집** 이주은 | **디자인** 기하늘
저자·독자 서비스 humanist@humanistbooks.com | **용지** 화인페이퍼 | **인쇄** 삼조인쇄 | **제본** 영신사
발행처 휴먼어린이 | **출판등록** 제313-2006-000161호(2006년 7월 31일) | **주소** (03991) 서울시 마포구 동교로23길 76(연남동)
전화 02-335-4422 | **팩스** 02-334-3427 | **홈페이지** www.humanistbooks.com

글 ⓒ 박병철, 2022 그림 ⓒ 김숙경, 2022
ISBN 978-89-6591-466-2 74400
ISBN 978-89-6591-456-3 74400(세트)

- 이 책은 저작권법에 따라 보호받는 저작물이므로 무단 전재와 무단 복제를 금합니다.
- 이 책의 전부 또는 일부를 이용하려면 반드시 저작권자와 휴먼어린이 출판사의 동의를 받아야 합니다.
- **사용연령 6세 이상** 종이에 베이거나 긁히지 않도록 조심하세요. 책 모서리가 날카로우니 던지거나 떨어뜨리지 마세요.